U0646558

领读者书系

物种起源

（少年轻读版）

周忠和◎著

猫先生漫画工作室◎绘

北京科学技术出版社

100层童书馆

图书在版编目（CIP）数据

物种起源：少年轻读版 / 周忠和著；猫先生漫画
工作室绘. -- 北京 : 北京科学技术出版社，2025.
（领读者书系）. -- ISBN 978-7-5714-4569-0

Ⅰ. Q111.2-49

中国国家版本馆CIP数据核字第2025S1T953号

策划编辑	刘婧文　张文军
责任编辑	刘婧文
营销编辑	何雅诗
图文制作	天露霖文化
责任印制	李　茗
出 版 人	曾庆宇
出版发行	北京科学技术出版社
社　　址	北京西直门南大街16号
邮政编码	100035
电　　话	0086-10-66135495（总编室）
	0086-10-66113227（发行部）
网　　址	www.bkydw.cn
印　　刷	雅迪云印（天津）科技有限公司
开　　本	889 mm × 1194 mm　1/32
字　　数	35千字
印　　张	2.75
版　　次	2025年6月第1版
印　　次	2025年6月第1次印刷

ISBN 978-7-5714-4569-0

定　　价：28.00元

北科读者俱乐部

京科版图书，版权所有，侵权必究。
京科版图书，印装差错，负责退换。

目 录

我是在夏日的海滩上第一次读《物种起源》的。……那就像打了一针维多利亚幻觉剂，眼前的整个世界突然活跃起来，一切都开始移动，以至于沙滩上海鸥和矶鹬之间的相像，突然变得不可思议地活泛起来，变成了一个躁动整体的一部分，鸟类的巨型蜥蜴远祖们，宛若幽灵一般萦绕在它们的上空。先前看似一成不变的孤寂的海洋和沙滩，蓦然复活，融入无尽的变化和运动之中。这是一本让整个世界颤动的书。

——[美]亚当·高普尼克

（摘自《天使与时代》）

《物种起源》是一本什么样的书？

《物种起源》是一本改变世界的书。

我下这个定义，当然不是因为别人都这么说。虽然美国《生活》杂志将其评为人类有史以来的最佳图书，英国《新科学家》杂志也将其评为最具国际影响力十大科普图书之首，但我之所以这么说，是因为《物种起源》是第一次把生物学建立在一个完全科学的基础之上。

在它之前，人类信仰着"神创论"和"物种不变"等理论，而《物种起源》为我们带来了全新的生物演化思想，把人类从"上帝"的束缚中解放了出来。

它从哲学的高度，回答了所有人都关心的两个问题：**我是谁？我从哪里来？**

《物种起源》掀起了一场真正的思想解放运动。

在我国教育部基础教育课程教材发展中心发布的中小学生阅读指导目录（2020年版）里，《物种起源》是高中的推荐阅读书目。

你可能会好奇，**为什么我们一定要读这本100多年前的书**？

有位科学家曾说："有没有读过《物种起源》应该成为衡量一个人是否受过正规教育的标准之一。"可惜，说这句话的是生物学家，而且是进化生物学家，生物学家当然会把《物种起源》奉为圣经箴言！因而在大家看来，这只是一家之言。

身为诗人的伊丽莎白·毕肖普也很崇拜达尔文，并盛赞**达尔文的科学精神**，认为他在无尽的、英雄般的观察中构建了美丽而坚实的理论框架；他拥有创新所必备的忘我而无用的专注。

至此，我们了解到《物种起源》一书不仅有着**伟大的思想创新**，还建立了**坚实的理论框架**，呈现了很多**生物观察中令人着迷的细节**。这些是这本书成为"经典"和"必读"的主要原因。

　　读到这里，相信你一定对这本书里的内容更加好奇了，但在了解那些看起来很艰深的知识之前，我们先认识一下达尔文这个人和他所处的时代。

达尔文是谁？

"学三代" 达尔文

我们先认识一下《物种起源》一书的作者：

查尔斯·罗伯特·达尔文。

达尔文可以称得上是一个富二代或者富三代，但更准确的说法是学三代，因为他出生在一个贵族家庭，而且是一个医学世家。他的爷爷和父亲都是英国皇家学会的会员，他的家族里出了十多个学者，甚至他的爷爷还是早期提出类似演化观点的学者之一。

达尔文从小就热爱自然科学，喜欢收集各种昆虫标本，但因为他们家是一个医学世家，所以他父亲首先希望他学医。

达尔文16岁的时候便被送到英国爱丁堡大学学医，但他不喜欢医学，而是沉迷于研究博物学。

在19岁的时候，达尔文又被送到英国剑桥大学学习神学，但他还是没好好学。

他不喜欢神学，或许也不那么相信神学，所以实际上他在大学里主要学习的是地质学和生物学课程。

在达尔文 22 岁那一年，一次改变命运的机会降临了，让他从此开启了非凡的人生。达尔文有幸参加了"小猎犬号"（又译"贝格尔号"）军舰的环球航海考察，这一去就是 5 年。

你可能会觉得航海考察就是待在船上，但实际上他们待在船上的时间并不多，大部分时间是到陆地上考察。

用达尔文自己的话说：

"'小猎犬号'环球科考是我一生中最重要的经历，奠定了我的整个学术生涯。"

地质学家达尔文

到了 1839 年，也就是达尔文 30 岁的时候，他已经成为好几个英国著名学会的荣誉会员，在英国最重要的皇家学会也当选了会员。从 1842 年到 1846 年，达尔文发表了三部重要的地质学专著，分别是《珊瑚礁的构造与分布》《火山岛的地质观察》和《南美洲的地质观察》，这些都基于他在"小猎犬号"考察之旅中的观察与记录。

后来他获得了英国地质学界的最高奖章——沃拉斯顿奖章。可以说，此时的达尔文已经站在了地质学的顶峰。

生物学家达尔文

　　对于达尔文，我们对他的了解更多是基于他是一位生物学家。

　　从 1839 年到 1843 年，达尔文出版了五卷本巨著《贝格尔号航行期内的动物志》。

　　随后他又花了 8 年的时间专门研究海生甲壳类节肢动物藤壶，一开始他当然很感兴趣，到最后却研究到想吐。然而，恰恰是这样的研究，为他撰写《物种起源》奠定了坚实的生物学基础。

在"小猎犬号"考察之旅中，达尔文就已经掌握了物种演变的证据。如果看他的《贝格尔号航行期内的动物志》，大家会发现，其中已经有物种演变的思想了。

　　那为什么从写《贝格尔号航行期内的动物志》到发表《物种起源》，中间隔了 20 年呢？

实际上，在 1838 年还有一件事对达尔文产生了影响，那就是他读了经济学家马尔萨斯的《人口原理》一书。有人说，达尔文受到了《人口原理》的重要启发。

但是，自然选择的思想是完全来自《人口原理》的启发，还是同时受到当时人工选择技术的影响，这并不好说。

当时人们已经掌握了通过挑选良种马交配从而获得品质优良的马匹的技术，而**达尔文很敏锐地捕捉到了这些人工选择对物种变化产生的影响**。

　　巧合的是，被称作"生物地理学之父"的英国学者华莱士在同一时间也独立提出了自然选择的假说，并且他也经历了与达尔文类似的考察，也看过马尔萨斯的《人口原理》。

达尔文真正开始起草《物种起源》实际上是在 1842 年。他首先起草了一个 35 页的手写大纲；之后又过了两年，完成了一本 5 万字左右的《物种理论纲要》。这本《物种理论纲要》直到达尔文去世之后才发表。

有意思的是，达尔文把这个纲要交给他妻子的同时写了一份遗书。因为他的身体一直不是很好，所以他在遗书中写道：

这份手稿是我刚刚完成的有关物种理论的纲要，倘若日后能有一位有资格的审稿人肯定其价值，即是对科学进步的一项重大贡献。万一我遇到不测而身亡的话，请你拿出400英镑作为出版费用，并委托亨斯洛或莱伊尔先生一同商办此事，确保它得以发表。

遗书中提到的亨斯洛和莱伊尔都是达尔文重要的事业伙伴。

又过了15年，到了1859年，达尔文已经50岁的时候，他终于发表了《物种起源》。 其实《物种起源》是一个简称，完整的书名为《论通过自然选择的物种起源，或生存斗争中优赋族群之保存》。

读起来很绕口，我们就简称为《物种起源》。

达尔文的演化相关思想的形成，我认为有三本书可以代表，分别是：

1839 年的《小猎犬号航海记》；

1859 年的《物种起源》；

1871 年的《人类的由来及性选择》。

通过这三部曲，达尔文为整个人类提供了新的世界观，并因此成为近代史上伟大的科学家和启蒙思想家。

拉马克 vs 达尔文

在达尔文之前，是不是大家都不相信演化[*]？

也不是。

实际上，在达尔文之前已经有一些科学家认识到生物不是创造出来的，而是演化的结果。在他之前，最著名的生物进化理论学者是法国的拉马克，拉马克被认为是"进化论的鼻祖"。拉马克最为人熟知的观点就是"用进废退"。

---

[*] "进化"和"演化"在英文中都是 evolution，虽然"进化"一词为人们所熟知，但其实"演化"才是更准确的翻译。由于"进化论"的广泛使用，本文在涉及"进化论"的相关表述中仍沿用"进化"这一翻译，特此说明。

也许你听过这样一种说法，长颈鹿的脖子之所以长是因为它要吃高处的树叶，于是它不断用到脖子、不断拉伸脖子，然后脖子就一点一点变长了。

这便是拉马克的观点，但这其实是错误的，因为他弄错了演化的机制。

拉马克进化论的主要思想有三点：

第一，环境变化诱发了变异。

吼！
吼！

直立行走

第二， 环境诱发的变异是可以遗传的。

遗传

第三， 简单的生命形式不断自生并自动向更高级形式发展。换句话说，生物有一种内在的动力，会变得越来越好。

进化

这听起来似乎很符合我们的认知直觉。

那究竟有没有这样一种内在动力？**生命演化是否真的有一个目标呢？**

有人常常问，鸟为什么会飞？

人为什么会直立行走？

很抱歉，我们没有办法回答这些问题，因为生物变成我们现在看到的模样并没有一个确切的原因，就像鲁迅所说："世上本没有路，走的人多了，也便成了路。"

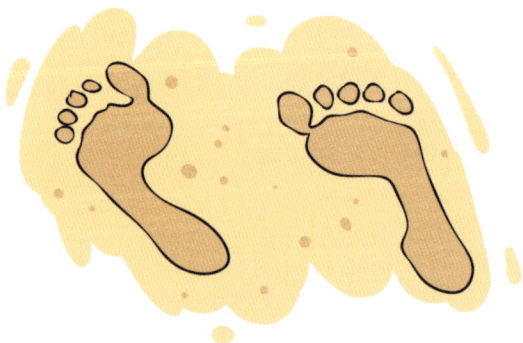

演化的路和脚下的路很像，我们回头看它时确实有明确的方向和轨迹，但是在行走的当下并没有预设的路径和目的地。

不仅演化的目的论不成立，实际上，拉马克进化论中的这三个思想后来都被否定了。科学就是这样，很多时候与我们的直觉是相悖的。

遗憾的是，很多人直到今天还认为拉马克的理论是正确的。

达尔文进化论的主张主要有以下五点：

第一，生物演化确实存在。

生物学家龙漫远曾经说，虽然在达尔文之前已经有人意识到演化的存在，但是达尔文率先以精细的观察和严密的推理证明了演化事实的存在。

也就是说，达尔文通过大量的证据和严密的推理得到了一个结论：生物的演化是事实，而不是理论。

第二，万物共祖——不同的生物来自同一个祖先。

第三，渐进变化——物种间的差异是一点一滴累积起来的。也就是说，演化需要长时间的累积，一个物种一般不会突然变成另外一个物种。

很长时间

第四，**群体内变异**——在一种生物的群体内，个体间会存在遗传差异。就像我们每个人都是独一无二的，你和我、你和你的朋友都是具有遗传差异的个体。

第五，**自然选择**。这一点是达尔文进化论的核心部分。我将在后文详细讲解。

拉马克和达尔文都认为生物是演化而来的、万物是共祖的。大家可能会好奇他们的理论有什么区别。

事实上，**拉马克**强调的是获得性遗传和用进废退，他认为是环境诱导了变异，生存环境发生了变化，**生物会为了主动适应环境而产生变异**。

达尔文则认为变异是内在的，也就是遗传的，**生物主要是被动适应环境**。

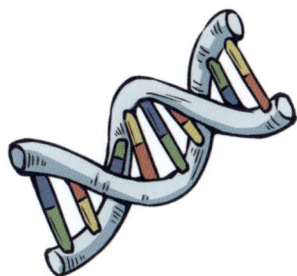

关于《物种起源》的重要知识

核心知识和思想

看完达尔文生平和其进化论的主要主张，相信你现在已经对他的进化论有了初步的了解，那我们一起来看看《物种起源》中究竟写了什么。《物种起源》的核心知识和思想实际上就是两句话：

生物不是创造出来的，而是自然演化的结果——所有的生物都经历了一步一步演化的漫长过程，才有了现在的模样。石头缝里是蹦不出猴子来的。

自然选择是生物演化的机制，前提条件是可遗传的变异——生物会产生变异，而这个变异必须是可遗传的才能传给下一代。这也很好理解，一只猴子因意外断了尾巴，但并不会影响它的后代拥有一条完整的尾巴。

我们在谈到达尔文的进化论和他写的《物种起源》时，总是反复提到一个词——自然选择。

什么是"自然"？

这里的"自然"是相对"人工"而言的。

自然通常被认为是一切事物的总和，当然也包括生命。达尔文曾说，如果把自然拟人化，那它能够对体内各个器官、各种细微的差异和整个生命系统发生作用。

他认为，自然每日每时都在仔细检查着世界上最细微的变异，无论在什么时候、什么地方，只要有机会，它就静静地、极其缓慢地工作，改进各种生物同有机和无机生活条件的关系。

这种缓慢的变化我们无法觉察出来，除非有时间流逝的标志。

夏　时间→　冬

自然究竟选择了什么？

达尔文认为，自然并不会引导生物产生特定的变异，它只是在变异发生之后保存那些对生物在其生活条件下有利的变异。

虽然那些具有不利变异的个体可能会侥幸存活、具有有利变异的个体也许会突遭意外，但是在种群的层面上，还是那些更适应环境的个体存活下来的概率更大。

自然是如何实施选择的？

通过生存竞争。

书中曾以大象为例。如果一对大象从 30 岁开始生育，一直持续到 90 岁止，共计产出 3 对雌雄小象，每头都能活到既定岁数而且繁殖，那么 500 年后，理论上这对大象的后代就可以达到 1500 万头。

可是为什么我们并没有见到数量如此庞大的大象群呢？

尽管生物普遍具有较强的繁殖能力，但事实上，每个生物种群的数量都维持在一个相对稳定的范围内，大量的生物都在个体之间的竞争或是与生存环境之间的竞争中被淘汰了，剩下的那些就是经过"选择"、适应自然的个体。

《物种起源》的写作逻辑

　　《物种起源》究竟应该怎么写才能严密地表达出达尔文想证明的内容呢？

　　我们可以先看看达尔文对每个章节的划分。

　　正文总共有 14 章，除了最后一章"复述与结论"，其他 13 章大体可以分为三个部分：

前四章是立论，提出了变异、自然选择、生存斗争等概念。

中间五章是辩护，论证己方观点并驳斥不同的观点。

后四章则提供了更多证据来支持自己的观点。这就像律师在法庭上做陈述。

　　《物种起源》的内容非常丰富，包括了博物学、地质学、古生物学、生态学、胚胎学、生物地理学和行为学等。达尔文把人们所能想到的、他所熟悉的知识都拿来陈述一个事实：

生物是演化的，自然选择是主要的机制。

《物种起源》也被达尔文自谓"**一部长篇的论争**"。

所谓论争，即是要展示不同的观点、证明自己的观点并说服他人。因此，达尔文要怎么做好论争，是很有讲究的。

《物种起源》目录

我根据个人的理解，将每一章用一句话来介绍：

你知我知的变异，人工选择有了用武之地
自然界也有变异
资源与个体繁殖增长的矛盾
自然选择是演化的动力和机制
极度无知，但是内在为主
可以一一化解，都不是致命的
本能也是有变异、可遗传的
物种、变种之间并无本质的差异
说有容易，说无难
生命在时间上的演变，万物共祖
生命在空间上的演变，迁徙与环境
生命在空间上的演变，迁徙与环境

自然的谱系，人为的分类
总结

比如第一章，达尔文想说的就是"你知我知的变异"。

　　在这一章中，达尔文特别选择了家养生物的变异作为内容。这是一个很聪明的选择，因为家养动物是人们日常生活中非常熟悉的。

　　鸽子、狗、牛、羊等家养动物以及一些植物，发生了一些看似微小的变异，但经过长期的人工选择和积累，会产生十分惊人的差异。

《物种起源》的中文译者之一苗德岁曾这样评价达尔文：

他极其聪明地利用维多利亚时代人们对动植物驯化的熟稔程度，展示了人工选择不过是"自然选择"的一种极端情形而已，这其实距离解释演化过程本身仅一步之遥。

达尔文的意思是，我先给你们看熟悉的人工选择，无论你们信不信，这都是不可否认的经验，然后我再给你们讲讲自然界的情况。

第二章讲自然界也有变异。第三章介绍了生存斗争，谈到了资源与个体繁殖增长的矛盾。第四章提到自然选择是演化的动力和机制。

到这里，全书观点就基本确立了。达尔文先立论，然后加以解释，接着又从时间和空间两个维度提供了更多的证据，甚至可称他利用能够找到的所有证据，来验证他的进化学说。

因此，《物种起源》在某种意义上又像是**一部侦探小说**，只是推理作家通常把悬念留到最后，而达尔文先把结论告诉你，再一步一步地推理给你看。

在《物种起源》中，待"查明"的就是生物为什么会演化。

达尔文一步步抽丝剥茧，提出并有力地证明了"主犯"不是"上帝"，而是"自然选择"，"从犯"是"变异"。

该书就是这样，戏剧性地包含了时间、空间、动机、实验、证据、怀疑和推理等一部侦探小说必备的所有元素。

达尔文的文学风格

达尔文不仅把科学的论证过程写得和侦探小说一样引人入胜，他的文笔也可谓十分出众。

俄罗斯诗人曼德尔施塔姆曾说，**达尔文对自然的态度就像一个大胆的记者**，偷偷在事件现场猎取新闻故事，从来不用常见的辞藻堆砌方式描写事物，而是利用阳光、阴影等精心刻画的细节，捕捉某动物在不知不觉中呈现的最自然的姿态，引人入胜。

我从《物种起源》中摘取了一段文字，不知道你能不能从中感受到达尔文的文学风格。

　　一天傍晚，我去察看另一个血蚁群，发现其中很多血蚁正在返窝入巢，并拖着很多黑蚁的尸体（可见并非是迁移）以及无数的蛹。我追踪一长队背负着战利品的血蚁，大约四十码开外，行至一处茂密的石楠灌木丛，在此处我见到最后一只血蚁，它还拖着一个蛹；但我并未能在密丛中找到那个被摧毁的巢穴。

然而，那蚁巢肯定近在咫尺，因为有两三只黑蚁张皇失措地冲来跑去，有一只黑蚁嘴里还衔着一个自己的蛹，纹丝不动地呆立在石楠枝端，一副对被摧毁的家园绝望的惨象。*

---

* 摘自《物种起源》，苗德岁译，译林出版社，2016 年 7 月出版。

前文只是随意摘取的一段，大家亲自去翻阅该书，相信会有更深刻的体会。

为了达到学术论证的目的，《物种起源》中常常不厌其烦地列举大量的例子，用严谨科学的语言不断地演绎、推理、分析，句法难免复杂，读起来有些拗口费劲。

但我理解达尔文为什么要这么做，为什么要列举那么多看起来有点啰唆的例子。我觉得可以用这句话解释：**非凡的结论需要非凡的证据。**

达尔文的朋友圈

在那个宗教盛行的时代,《物种起源》是一本质疑上帝存在、冒天下之大不韪的书。然而,这本书却在发行第一天就售罄,然后很快又多次加印。

其实,这离不开达尔文的强大朋友圈。

比如说莱伊尔,他是地质学的创始人之一,他的著作《地质学原理》一出版,就成了达尔文在"小猎犬号"考察之旅中的参考手册,达尔文根据该书去解读很多地质现象,而地质学中的渐变原理和生物渐变的原理是相通的。

亨斯洛　　　　　　　　　胡克

　　亨斯洛也是达尔文十分信任、有极大学术影响力的人物，他是英国剑桥大学的植物学教授，用达尔文的话说："是亨斯洛教授成就了我的今天。"

　　莱伊尔和亨斯洛也是达尔文给他夫人的遗书里提到的那两个人。

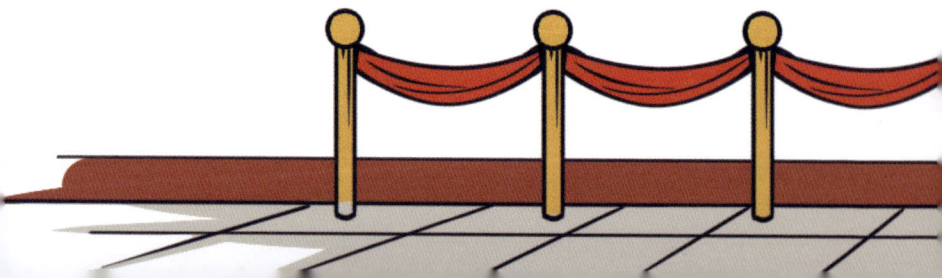

塞奇威克　　　　　　　赫胥黎

此外还有胡克，他是一位植物学家，就是他建议达尔文去研究藤壶。剑桥大学教授、地质学家塞奇威克曾经带达尔文做地质考察。当然，还有著名的"达尔文的斗犬"，生物学家赫胥黎。

他们对达尔文的支持为《物种起源》的推广起到了重要的作用。

《物种起源》出版之后在科学界引起了非常热烈的讨论。1860年，在英国科学促进会的年度大会上，牛津主教威尔伯福斯和赫胥黎展开了一场著名的辩论。这名主教不相信达尔文的进化学说，认为"人类是从猿猴演化而来的"这一理论十分可笑。他很傲慢地问赫胥黎：

　　"你说是你的祖父还是祖母一方的祖先是猿猴？"

　　赫胥黎不甘示弱地反击：

　　"猿猴做我的祖先我觉得不丢人，**与恃才傲物、不尊重真理的人同宗才真的丢人**。"

《物种起源》的深远影响

今天为什么还要读《物种起源》？

现在我们来回答在本书开篇提出的那个问题：为什么我们一定要读《物种起源》这本100多年前的书？

毫无疑问，《物种起源》肯定是一部经典，但是**经典的书就一定要读吗**？

事实上，《物种起源》已经不仅仅是一本生物学图书，也不只是一部地质学著作。

进化论的影响已经远远超出了科学领域，在人类的思想、社会、政治、文化等人文社科领域也产生了广泛而深远的影响。但同时，也出现了很多对它理解上的偏差。

物种起源历史及人类文化发展历史对未来也有重要的启示作用。我们之所以需要亲自去读达尔文的书，不仅是因为进化论本身的影响，**还为了摒弃长期以来对其的误读**。

辟谣：对《物种起源》的误解

很多人觉得自己了解进化论，但并不知道自己了解了多少。

法国分子生物学家、诺贝尔奖获得者雅克·莫诺曾经调侃："进化论的一个奇特好笑的特点，是每一个人都以为自己懂得进化论。"

实际上，我们现在对达尔文的解读，断章取义者、随意曲解者多，他们常常教条地引用达尔文的话，比如最常见到的"适者生存"。

可是"适者生存"真的是达尔文的观点吗？

我说的？？

接下来，我们将辩驳三个最常见的误解。

演化就是适者生存？

对进化论的第一个，也是最常见的误解就是"优胜劣汰，适者生存"。

自从严复把进化论观点引进中国之后，"适者生存"几乎就成了达尔文进化论的代名词，更有甚者把"适者生存"进一步解读为"强者生存"，认为落后就会被淘汰。

适者生存 ≠ 强者生存

事实上，这是很不准确的，因为生物学意义上的适应跟我们日常生活中所理解的主动适应不是一回事，生物学上的适应在严格意义上是一种被动的过程——

　　自然选择造就了适应。

　　适应是相对的，今天适应了，不见得明天也会适应，到了别的地方也不一定适应。

尽管达尔文在书里多次使用了"适者生存"这个词，但是直接用"适者生存"替代达尔文的主要观点是不对的。

我说的"适者生存"是指……

　　那么"适者生存"这个词最初是从哪儿来的？实际上是来自英国哲学家斯宾塞。斯宾塞也被称为"社会达尔文主义之父"，他率先提出了"适者生存"，把自然选择片面地解释为此。

《物种起源》从第五版开始才出现"适者生存"这种说法。我们不能因为这个词出现在了《物种起源》中，就把它当作达尔文的观点。

　　《物种起源》一共出了六版。由于出版后引起了很多争议，达尔文看到之后就总是在新版中回应那些争议。

但是很多质疑者本身也不太懂这些领域，加上当时社会整体缺乏遗传学知识，达尔文也被搞糊涂了，在后续的版本中便出现了一些反而被他改错了的观点。现在的学者普遍认为《物种起源》是少有的后来版本不如前面版本的图书。

　　我通常推荐大家去读《物种起源》的第二版。

生存斗争就是弱肉强食？

这是我要讲的第二个常见误解。

很多人把书中所讲的生存斗争理解为弱肉强食，进而用达尔文的进化论来解释说明"强者为王"和"落后就要挨打"的道理。

我们一起来看看达尔文在书里究竟是怎么写的：

我应首先说明，我是在广义与隐喻的意义上使用"生存斗争"这一名词的，它包含着一生物对另一生物的依存关系，而且更重要的是，也包含着不仅是个体生命的维系，而且是其能否成功地传宗接代。……沙漠边缘的一株植物，可以

说是在为抗旱求存而斗争，虽然更恰当地说，应该把这称为植物对水分的依赖。……在这几种彼此相贯通的含义上，为方便计，我使用了生存斗争这一普通的名词。*

---

*　摘自《物种起源》，苗德岁译，译林出版社，2016 年 7 月出版。

因此，达尔文所讲的生存斗争有两层含义：

它指不同个体、不同物种之间为了食物或者生存空间而展开的竞争（不一定是你死我活）。

它也指生物与环境之间的斗争。

进化就是进步？

进化论中的进化就是进步？

这是我要讲的第三个常见误解。

我们往往把人类放在最高等的位置上，认为生物的进化就是从简单到复杂、从低等到高等的发展过程。

其实这里的进化是演化的意思，**退化也是一种演化**。生物的演化有从简单到复杂，也有从复杂到简单。至于低等、高等，这是一种基于主观价值的判断，是人类以自己为中心制定的标准，所以传统上认为人类是高等的，其他动物则是低等的。也没有人问其他动物同不同意这个标准。

人们对《物种起源》产生这样的误解，与其发表的时代密不可分。

　　维多利亚时代（1837—1901）是达尔文进化论诞生与早期发展的重要时期。太平盛世的英国社会思想开放，人们坚信社会会不断进步。

他们默认《物种起源》中所讲的是进步，而并没有理解自然选择是怎么回事，忽视了达尔文在书里从来没有表达或者暗示过生物演化是不断进步的。这也为生物演化的"不断进步论"埋下了伏笔。

　　然而，进步与达尔文的自然选择理论，在本质上是不相符的。

当然，除前文提到的三个，还有一个误解，它被认为是达尔文的错误，那就是"**社会达尔文主义**"。虽然这里用了达尔文的名字，但与达尔文本人的学说大相径庭。当时，很多人打着社会达尔文主义的旗号迫害黑人群体，认为他们是应该被淘汰的劣等民族。

　　实际上，达尔文以及他的父亲、祖父都强烈反对贩卖、使用黑奴，他的外祖父一家更是英国废除奴隶制运动中的活跃人物。

　　因此，可以说社会达尔文主义在某种程度上"绑架"了达尔文的理论，也使进化论的传播在当时遭遇了一定的阻力。

2009 年，阿德里安·戴斯蒙德与詹姆斯·穆尔合著的《达尔文的神圣事业：种族、奴隶制及探索人类起源》中提出了一个观点：达尔文提出自然选择学说与生物进化论的原动力是为了探索人类的起源与演化，进而证明**不同人种来自共同祖先，因而生来平等**。

　　这个观点虽然仍待考证，也有点夸张，但是表达了达尔文的理论确实和社会达尔文主义不是一回事。

生来平等

达尔文的精神

通过阅读《物种起源》，我们还可以学习达尔文的科学精神。达尔文的科学精神可以总结为三点：实事求是、理性质疑、大胆探索。

实事求是

理性质疑

大胆探索

之前提到，达尔文在完成了《贝格尔号航行期内的动物志》后16年才出版《物种起源》，为什么？因为他是一位很严谨的科学家。在那些年里，他一直在考证自己的理论。

当时，达尔文的进化论面临一个很大的挑战，那就是他**找不到生物演化过程中的中间类型来证明自己的理论**。

虽然现在我们能找到很多例子，比如鸟类是从恐龙演化而来的化石证据，但还有大量的化石表明，化石之间以及化石与现代生物之间存在着较大的差异。

达尔文自己也说："为何在每一套地层以及各个层位*中并没有充满着这些中间环节呢？……也许这是反对敝人学说的最为明显及最为严重的异议。"** 因此，达尔文用了大量时间研究这个问题。

---

* 这里的层位是指地质层面的划分，不同年代的化石处在不同的岩层中。
** 摘自《物种起源》，苗德岁译，译林出版社，2016 年 7 月出版。

达尔文从孩童时代开始就对周围的世界充满了好奇，他喜欢提问，一生中与世界上2000多名志同道合者通信，虚心向他们请教问题。

　　富有创造力、耐心、细心、勤奋、善于观察、善于分析、热衷实验等科学家的特质，在达尔文身上都有很好的体现。

另外，达尔文的人品也很出众。

在《物种起源》第六版的最前面，达尔文写了一篇"本书第一版问世前，人们对物种起源认识进程的简史"，他在其中说到自然选择不是他首先提出来的，前人也有提到。

"自然选择"不是我最先提出来的。

在这一部分里，我们会看到他对前人贡献的充分肯定，并且他还在书中不断提到并表达了对他们的感激之情。

现在有些人会把别人的观点说成自己的，但是达尔文非常谦虚，他从来不会贪功。

达尔文与华莱士分别独立发现了自然选择的规律，但达尔文在这一学术发现优先权的事宜上充分展现了坦荡、高尚的人品，还与华莱士成了非常好的朋友。

请！请！

古生物学家、《物种起源》的权威译者苗德岁曾在《以美之名，重读达尔文》一文中引用了美国作家亚当·高普尼克的一段话，这段话的一部分我已经写在了书前。在本书的最后，我把这段话的另一部分摘录于此，希望大家可以去读一读《物种起源》这本书：

我们阅读达尔文并非因为他所说的是当今的科学家们所相信的——很多不再是了。我们之所以还读它，是因为书中高雅的雄辩以及条分缕析的证据罗列，且以如此谦逊和娓娓道来的语调陈述，让人们看到了光明驱除黑暗、迷失林中却闯出一条正途的理智力量……

物种起源

生物学

神学

地质学

放弃

医学

放弃

实事求是 ← 人品出众 ← 作者:达尔文

理性质疑 ← 科学精神

大胆探索 ← 朋友众多

生物演化

万物共祖

渐进变化

群体内变异

自然选择

生物被动变异

相反

拉马克:
生物主动变异

生物是自然演化的结果

核心

自然选择是生物演化的机制，可遗传的变异是前提条件

《物种起源》

适者生存≠强者生存

修正误解

生存斗争≠弱肉强食

进化≠进步

环境变化诱发变异

变异可遗传

相反

生物向更高级进化

领读者书系：
科学经典篇
（第一辑）